家手感
小麦香

曾美子 / 著

北京联合出版公司
Beijing United Publishing Co.,Ltd.

让家充满爱的
幸福烘焙

爱是需分享，由家人开始。

爱是需共享，由亲人开始。

你的爱，出发的首站，是你的至亲。

穿越你的双手，你的爱，滋养家人的心田。

穿越你的厨房，你的爱，丰硕亲人的心灵。

而穿越你的诗情，你的心，幻化家人的虹彩。

穿越你的诗怀，你的情，舞出亲人的赏心。

我不知，有多少日子，和家人可共聚。

我不知，有多少灵犀，和亲人可共通。

莫说你的心，盘不出一道诱人甜点。

莫说你的手，托不出一盘简单甜点。

莫愁你的情，柔不出一道诱人甜点。

莫愁你的爱，穿不透一盘简单甜点。

如果有一天，家人不再，你的情，你的爱，难再。

如果有一天，亲人不再，你的灵，你的心，难再。

来吧，你知道，你行的。

不就是打开你的心房？不就是张开你的双手？

来吧，你知道，你行的。

不就是灵犀你的柔情？不就是慧通你的慧心？

就是，那样简单，

你的心灵，你的双手，只在你的至亲。

就是，那样淳朴，

你的柔情，你的慧心，只在你的至亲。

你的甜点，何妨端出，你和至亲的喜悦。

你的甜心，何妨穿透，你和至亲的性灵。

美味，可由甜点开始，可由甜点启迪。

幸福，可由甜点传承，可由甜点喜获。

Contents

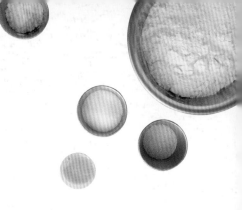

Part 2 早餐好时光

15

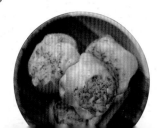

Part 3 假日的午后 TEA TIME 53

Part 4 **天然手工甜点** 83

＊本书介绍的食谱分量基本以四人份为主，请依照
实际人数加以调整。

＊本书是以电子秤来测量，为了便于标记，全部以
g（克）来表示，如果使用量杯测量水、液体油或
牛奶时，直接转换为ml或cc即可。用g难以标示
的计量，则用"大匙"或"小匙"来代替。

开始动手做啰～

1 烘焙的基本

让我们先从认识基础的烘焙工具和材料开始，再来学习揉面团的基本方法，慢慢进入亲手做烘焙的美妙世界吧！

准备材料

制作面包点心时，最重要的就是材料的挑选，除了依照食谱的标示、个人的口味喜好，为了考量家人的健康，更要选择天然无人工添加的食材，才能吃得安心无负担。

1 鸡蛋

烘焙的主要材料。有时会使用全蛋，有时为了增加香味和色泽，或让成品更加蓬松，也会将蛋白、蛋黄分开使用。请选择新鲜且大颗的鸡蛋。

2 香草荚

天然的香草荚可直接使用，或是对半切开后，挖出其中的小籽加入蛋中，可除去蛋的腥味，增添不同的风味。

3 蜂蜜

蜂蜜是天然的甜味剂，而且比蔗糖更容易被人体吸收，富含维生素、矿物质和氨基酸等养分，可以加入面团，也可以当成面包或饼干的抹酱。

4 黑白芝麻

芝麻富含蛋白质、钙、亚麻油酸等营养素，加入烘焙食材，不但能增加香气，还能使点心更加健康营养。

5 干果类

常用的有蔓越莓、葡萄干、橙皮等，加入干果的面团，增添了口感和香味，营养价值也很丰富。

6 无盐奶油

建议使用不含盐的奶油，才不会影响味道。通常奶油都要先在室温下软化，请先阅读食谱中的标示再使用。

7 坚果类

核桃、杏仁、榛果、胡桃、腰果等，含有不饱和脂肪酸、维生素 B 群等多种养分，而且纤维多，吃起来容易有饱足感。最好以冷藏或冷冻的方式保存，一旦过期变质，就会出现油耗味，代表已经生成黄曲毒素，若不小心误食的话，会造成伤肝或伤肾的状况。

如果买不到中筋面粉，可
以自行混合高筋面粉和低
筋面粉。

8 玉米粉
玉米制成的淀粉，常用来当成布丁等食品的凝固剂。或加入蛋糕中，以增加松软的口感。

9 细白砂糖
用途广泛，容易溶解于水中，质地干燥，很容易和其他粉状材料混和，最常用于制作甜点。

10 二砂糖
是蔗糖第一次结晶后所产生的糖，没有经过漂白、脱色等程序，带有微焦黄的色泽和香味，营养价值也比白糖高。

11 盐
烘焙时主要使用精制盐，可用来调整甜度，或增加面团的弹性和延展性。

12 即溶快速酵母粉
酵母属于天然的菌种，可以分为新鲜酵母与干酵母两种。本书以方便的即溶快速酵母粉为主。预先将酵母粉泡入 30cc 的 30~40℃的温水中拌匀，静置 5 分钟，待冒出小气泡后，才能加入材料中使用。

13 高筋面粉
筋度较高，弹性和延展性较佳，主要用来制作口感有嚼劲的面包或吐司。

14 泡打粉
简称"B.P."（Baking Powder），又称发粉，属于烘焙用的化学膨松剂，常用于蛋糕、饼干等制作。请一定要选用无铝的泡打粉，避免影响人体健康。

15 低筋面粉
蛋白质和麸质含量低，因为此面粉的筋度低，常用来制作饼干或蛋糕。

16 动物性鲜奶油
鲜奶油是加工过的乳制品，乳脂含量比牛奶更高，可增添风味或打发后用来装饰甜点或蛋糕。

17 牛奶
使用一般市售的鲜奶即可，建议选择成分为 100% 生乳，没有其他人工添加物的品牌。

准备工具

在烘焙的过程中，如果能适当利用各种工具，就能缩短时间，也能提高效率，让料理过程更顺利。以下介绍的常用烘焙工具，请依个人的需求，前往烘焙材料商店或上网购买。

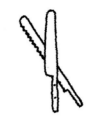

1　蛋糕面包锯齿刀
用来裁切蛋糕、吐司或面包，能维持面包原状不变形。

2　蛋糕抹刀
用来抹平蛋糕外装饰的鲜奶油，也可以用来平整面糊。

3　面包画线刀
可在法国面包或维也纳面包表面画出美丽的刀纹。

4　糖粉筛网
最后撒上糖粉或可可粉装饰时使用。可以使糖粉或可可粉撒得较均匀、美观。

5　大小筛网
用来过筛面粉、玉米粉等粉状材料，也可以过滤液体中的杂质或气泡，使成品均匀细致。

6　圆形压模
最基本的模型，用来裁切蛋糕或饼干。

7　L 型小抹刀
弯形的手柄用起来更方便顺手。可在将面团加上馅料，或在成品抹上果酱或奶油时使用。

8　面包擀面棍
表面上有凹凸的颗粒，可以帮助排出面团中的气体。

9　木制擀面棍
将面团擀开时使用的基本工具。

10　温度计
测量水温、糖浆或溶化巧克力的温度时使用。

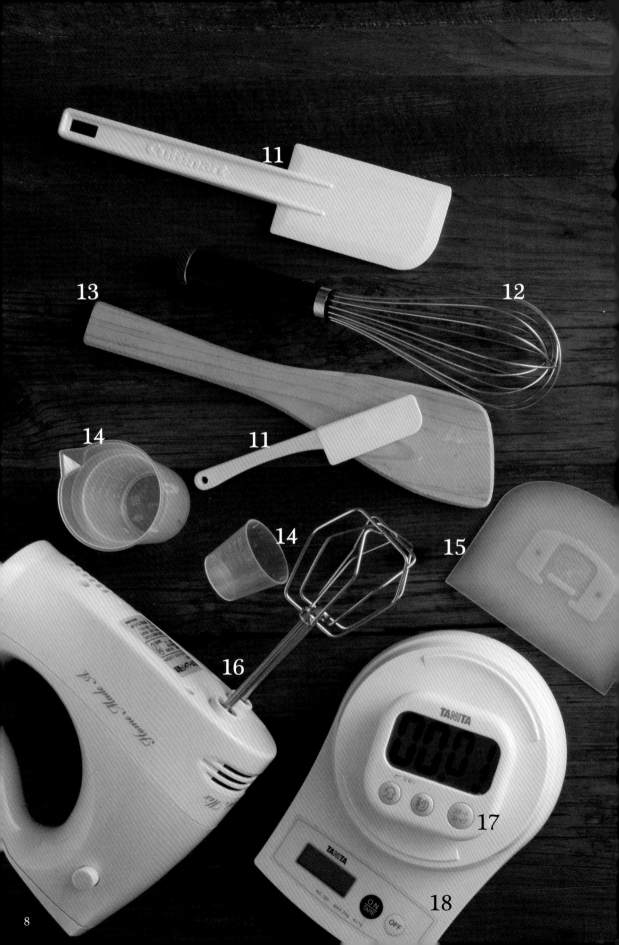

本书建议面团发酵在 26~28℃的环境下进行。请依季节或气温的不同自行调整。

9 将 8 的面团整成圆形。

10 放入调理盆中，盖上干净的保鲜膜。

11 写上完成的时间和温度，静置于常温下约 60 分钟，进行基本发酵。

12 待面团发酵至两倍大后，去除覆盖的保鲜膜。

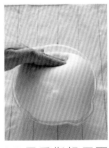

13 用手指轻压面团，排出多余的空气。

14 将调理盆倒扣在工作台上，取出面团。

15 利用面包切刀将面团分为 12 等份。

16 分别将面团滚圆，并捏紧收口。

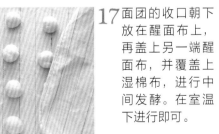

17 面团的收口朝下放在醒面布上，再盖上另一端醒面布，并覆盖上湿棉布，进行中间发酵。在室温下进行即可。

B. 使用面包机（以原味吐司的面团示范）

材料（1个份）

全蛋液	30g	细白砂糖	12g
水	180cc	奶粉	5g
高筋面粉	250g	盐	5g
即溶快速酵母粉	3g	无盐奶油	30g

做法

1 将高筋面粉、细白砂糖、盐、奶粉放入钢盆中。

2 将钢盆中的粉类材料倒入面包机的内锅。

3 加入蛋液和水。

4 放入无盐奶油。

5 将内锅放入面包机中，并盖上内盖。

6 将即溶快速酵母粉倒入酵母容器中。盖上外盖，设定烤程后按开始键。

7 完成后，打开盖子，吐司表面呈金黄色。

8 取出吐司即完成。

书中其他的吐司面包如果也要用面包机来制作的话，只要将材料中的面粉改为250g，其他材料再依比例调整即可。

C. 全手工制作（以原味贝果的面团示范）

材料（6个份）

中筋面粉	300g	即溶快速酵母粉	3g
二砂糖	6g	水	150cc
盐	5g		

做法

1 将中筋面粉、二砂糖、盐混合均匀后，放在工作台上，中间预留一个圆形。于中央放上即溶快速酵母粉。

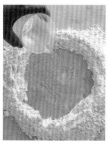

2 中间慢慢倒入约140cc的水。

3 以刮板混合拌匀。

4 以手掌搓揉成团。

5 用刮板分割成数小块，加水继续拌匀。

6 继续以手掌揉压的方式，使面团稍有筋度。

7 将面团滚成圆形，秤重进行分割。

8 分割为6块后，揉成圆形，再静置约5分钟。

13

✵✵ Column ✵✵

天然酵母要如何培养

工具 玻璃瓶、量杯、电子秤、消毒液

材料

水果酵母		果干酵母	
新鲜葡萄	200g	果干	100g
矿泉水	100cc	（无调味且含糖高的果干）	
二砂糖	20g	矿泉水	200cc

做法

水果酵母 ——————

1　将玻璃瓶用消毒液杀毒洗净。

2　新鲜葡萄压碎去籽后，将果肉、果汁和二砂糖放进玻璃瓶中，倒入矿泉水，盖上瓶盖并摇匀。

3　静置于25~30℃的温暖处一天。

4　至第二或第三日时，打开瓶盖，搅拌葡萄液使上下液体均匀，表面盖上盖子不紧扣，再放于室温下。

5　待葡萄软烂，闻起来有水果发酵的味道，且出现泡泡时，就可以过滤果肉，将发酵液用来培养原种。

果干酵母 ——————

1　将玻璃瓶用消毒液杀毒洗净。

2　将果干放入玻璃瓶中，倒入矿泉水，盖上瓶盖并摇匀。

3　静置于25~30℃的温暖处约3天，等待发酵。

4　待闻起来有水果发酵的味道，且出现泡泡时，就可以过滤果肉，将发酵液用来培养原种。

※ 室温温度越低，发酵培菌液所需的时间就越长。通常夏季需2~3天，冬季则要4~5天。

② 早餐好时光

天还微微光，
就用麦子的香气来唤醒一天吧！
动手来烤吐司、欧式面包或贝果，
搭配一杯现榨的果汁或现煮咖啡，
补充满满的活力！

甜香气息与多重口感

蜂蜜吐司

在基本的吐司配方中加入核桃，并以蜂蜜代替糖，不仅营养价值高，还会让口感更加丰富有层次。淡淡的蜂蜜甜香搭配核桃的坚果气息，在松软的吐司中可以品尝得到坚果的酥脆，不用另外抹酱就很美味。

材料（1个份）

高筋面粉	300g	水	153cc
蜂蜜	45g	全蛋液	60g
盐	4.5g	无盐奶油	45g
奶粉	12g	核桃	45g
即溶快速酵母粉	3g		

做法

1 将即溶快速酵母粉泡入30cc的30~40℃的温水中拌匀，静置5分钟。

2 将高筋面粉、盐、奶粉和1的酵母水混合均匀。

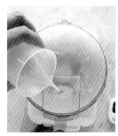

3 混合蛋液、蜂蜜和剩下的水。

4 将2和3用食物调理机搅拌约1分40秒；若是以手工搅拌，则约10分钟。

5 加入回温至室温的无盐奶油。

6 将5的面团继续拌至光滑有弹性，用手可以拉出薄膜的状态，再放入核桃拌匀。

7 将包裹奶油的保鲜膜上残余的奶油，均匀涂抹于调理盆的内侧。

8 将7放入调理盆中，盖上干净的保鲜膜，静置于常温下约1小时，进行基本发酵。

9 待面团发酵至两倍大后，取出面团。

 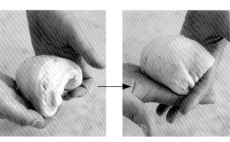 

10 利用刮板将面团分为 3 等份。

11 将面团从左右两侧将表面的面皮向下拉，整理成圆球状。

12 面团的收口朝下放在醒面布上，再盖上另一端醒面布，覆盖上湿棉布，置于常温下 30 分钟。

13 将发酵好的面团，以面包擀面棍擀开成扁圆形的厚面皮。

14 将厚面皮由下往上卷起。

15 以手指捏合收口部分。

16 将面团对折成 U 字型。

 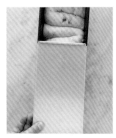 

17 放入吐司模中，盖上醒面布和湿棉布，静置 50~60 分钟，进行最后发酵。

18 发酵完成后，盖上盖子，放入以 200℃预热的烤箱，烤 25~35 分钟。

19 取出吐司模，轻轻拍打两侧，取出吐司，待冷却即完成。

画龙点睛的面包抹酱

牛奶香草抹酱

利用天然香草荚和鲜奶油所煮成的的抹酱，温润滑顺的口感，就像是融化的牛奶糖一般。由于是使用香草荚制作，抹酱中细小的黑色颗粒就是香草籽哦！

材料

动物性鲜奶油	250g
牛奶	250cc
香草荚	1支
细白砂糖	175g

做法

1 将细白砂糖和香草荚混合。

2 加入动物性鲜奶油和牛奶拌匀。

3 以中火煮至呈稍微透明即完成。

美式早餐组合

新鲜松软的吐司，搭配嫩滑的炒蛋、独特风味的德式香肠，以及各式营养生菜，再搭配一杯现榨果汁或现煮咖啡，丰盛的美式早餐让你一早就补充满满的活力！

材料

全蛋液	30g	无盐奶油	30g
水	180cc	美生菜	1/4 颗
高筋面粉	250g	牛番茄	1 颗
即溶快速酵母粉	3g	小黄瓜	1 根
细白砂糖	12g	德式香肠	4 根
奶粉	5g	鸡蛋	4 个
盐	5g	盐、白胡椒粉	适量

做法

1 将高筋面粉、细白砂糖、盐、奶粉、蛋液、水和无盐奶油放入面包机的内锅。

2 将内锅放入面包机中，并盖上内盖。

3 将即溶快速酵母粉倒入酵母容器中。盖上外盖，设定烤程后按开始键。

4 完成后，打开盖子，吐司表面呈金黄色，取出吐司即完成。

5 将鸡蛋打散，加入少许水和适量的盐，倒入油锅中，以中火翻炒，洒少许白胡椒粉。

6 德式香肠切半，放入油锅中，以中火煎熟。

7 美生菜洗净，撕成小片。

8 牛番茄和小黄瓜洗净并切片。

9 将 5.6.7.8 盛盘，搭配切片吐司。可依个人喜好再加上酸豆或香芹。

原味吐司

健康美味兼具的双色吐司

芝麻吐司

将黑白两种芝麻混入面团中，所烘烤出来的美丽双色螺旋吐司。芝麻不仅能增添吐司的香气，还富含对健康有益的不饱和脂肪酸，是现代人常用的养生食材。这款吐司除了单吃，搭配甜的抹酱或做成咸的三明治都很适合。

材料（1个份）

高筋面粉	300g	水	200cc
二砂糖	10g	无盐奶油	30g
盐	6g	白芝麻酱	30g
奶粉	2g	黑芝麻	30g
即溶快速酵母粉	3g		

做法

1 参考蜂蜜吐司的做法 1~6，制作面团。

2 将面团分成两份，一份加入白芝麻酱，另一份加入黑芝麻，分别揉匀。

3 参考蜂蜜吐司的做法 7~9、11、12，进行发酵和醒面。

4 将双色面团分别以面包擀面棍擀开成扁圆形的厚面皮。

5 将黑芝麻面团放在白芝麻面团上，需稍微错开，不要完全重叠。

6 由下往上卷起面团成一圆桶状，以手指捏合收口部分。

7 将面团放入吐司模中。

8 盖上醒面布和湿棉布，静置于室温 50~60 分钟，进行最后发酵。

9 发酵完成后，放入以 180~200℃ 预热的烤箱，烤 25~35 分钟。取出吐司模，轻轻拍打两侧，取出吐司，待冷却即完成。

松软口感一吃就爱上

法式布里欧修吐司

布里欧修（Brioche）是法国很常见的面包，在面团中加入了鸡蛋、奶油和 Cream
cheese，烘烤过后不仅会呈现漂亮的金黄色，细致绵密的口感与浓郁的奶香，很适合搭配
红茶或咖啡一起享用。

材料（1个份）

高筋面粉	300g	牛奶	120cc
细白砂糖	30g	全蛋液	60g
盐	5.4g	无盐奶油	50g
即溶快速酵母粉	4g	Cream Cheese	30g
水	20cc		

做法

1 参考蜂蜜吐司的做法 1~6，制作面团。

2 参考蜂蜜吐司的做法 7~12，进行发酵和醒面。

3 将发酵好的面团，以面包擀面棍擀开成长条形的厚面皮。

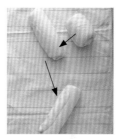

4 将厚面皮卷起，再擀开后，再以垂直方向擀开并卷起。

5 将面团用擀面棍擀成长条状。

6 将面团由上往下卷起。

7 将面团依序排入吐司模内。

8 参考蜂蜜吐司的做法 17~19，烘烤完成。

法式吐司佐焦糖苹果

如果吐司无法趁新鲜吃完，或失去松软的口感时，不妨加点巧思做成法式吐司吧！吸满香甜的布丁液，外皮煎得微脆，再搭配焦糖苹果，就是慵懒的周末早晨一顿华丽又饱足的早午餐。

材料（1份）

布丁液		焦糖苹果	
全蛋	2个	苹果	2个
蛋黄	1个	细白砂糖	50g
细白砂糖	40g	无盐奶油	25g
牛奶	200cc	柠檬汁	少许
融化的无盐奶油	30g	糖粉	少许
天然香草荚酱	少许		
兰姆酒	少许		

做法

1 先制作布丁液。将全蛋和蛋黄打入钢盆中，加入细白砂糖拌匀。

2 倒入动物性鲜奶油和牛奶拌匀后过筛。

3 将吐司排入浅口的盘中，倒入 2 的布丁液，使吐司均匀吸满布丁液。

4 贴上保鲜膜，冷藏至少 2 小时或过一夜。

5 制作焦糖苹果。将苹果去皮去籽，每颗分切成 8 片。

6 将细白砂糖倒入锅中，加热（请使用厚锅或珐琅锅煮，避免使用铝锅，以免产生有毒物质）。

7 先不搅拌，待煮至呈焦糖色后，再以耐热刮刀或木勺拌匀至无颗粒状。

8 加热至沸腾的小泡泡变成大泡泡后，关火，加入无盐奶油。

9 放入 5 的苹果片，倒入柠檬汁，煮至水分收干后，离火。

10 苹果片要均匀沾裹一层焦糖液。

11 另起一锅，沾少许油涂满锅底。将 4 煎至两面金黄，搭配焦糖苹果一起享用。

外脆内软的异国风味

法国维也纳棒

这是在面团中加入了鸡蛋、奶油和糖的一款甜面包，外型有些类似法国面包，但却有着不同的柔软口感，且气孔细密。由于做法源自于维也纳，因而有此称号，通常会涂上奶油抹酱，或是和咖啡一起品尝。

材料 （6 个份，每个约为 100g）

高筋面粉	300g	水	90cc
二砂糖	15g	动物性鲜奶油	45g
盐	6g	全蛋液	45g
奶粉	12g	无盐奶油	20g
即溶快速酵母粉	3g	Cream Cheese	30g

做法

1 参考第 10 页使用食物调理机做面团的做法 1~14，制作面团，并进行基本发酵。

2 利用刮板将面团分为 3 等份。

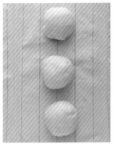

3 分别将面团滚圆，再分为 6 等份。

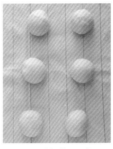

4 面团的收口朝下放在醒面布上，再盖上另一端醒面布，覆盖上湿棉布，静置约 30 分钟。

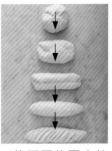

5 将面团依图中的顺序擀开并卷起，最后塑成长条状，收口朝下。

6 利用画线刀在正面斜划几道。

7 排入烤盘中，盖上醒面布和湿棉布，静置 40~50 分钟，进行第二次发酵。

8 表面涂上一层薄薄的蛋液，放入以 180℃ 预热的烤箱，烤 12~15 分钟即完成。

delicious!!

含多种谷物的健康选择

谷物欧式面包

朴实的外型，没有漂亮的颜色和华丽的内馅，强调自然原味且少糖、少油，有着扎实的口感和咬劲。这款面包由于加入了多种富含油脂的谷物和坚果，因此无须另外加入奶油，更符合健康理念。

材料（6个份，每个约350g）

高筋面粉	240g	二砂糖	9g
综合谷物	60g	盐	5.6g
葵花籽	60g	即溶快速酵母粉	3g
燕麦片	30g	水	210cc

做法

1 将即溶快速酵母粉泡入 30cc 的 30~40℃ 的温水中拌匀，静置 5 分钟。

2 将高筋面粉、综合谷物、葵花子、燕麦片、二砂糖、盐、1 的酵母水，放入食物调理机搅拌 2 分钟。

3 将面团取出揉成圆形，放入内侧涂有奶油的调理盆中，盖上保鲜膜。静置于常温下约 1 小时，进行基本发酵。

4 待面团发酵后，取出面团，利用刮板分为6等份。

5 分别将面团整成圆形，捏紧收口。

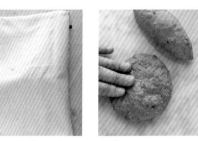

6 面团的收口朝下放在醒面布上，再盖上另一端醒面布，覆盖上湿棉布，静置约 30 分钟。

7 将面团压平。

NEXT

8 先折起一小角，右侧再折起一角，覆盖上去。

9 卷起来呈两侧尖的橄榄状，用手指捏紧收口。

10 均匀沾裹一层高筋面粉。

 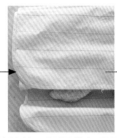 

11 将面包帆布折成波浪状，间隔放入面团，表面再覆盖上湿棉布，静置50~60分钟。

12 将面团排入烤盘，表面用面包刀斜划几道。

13 放入以200℃预热的烤箱，约烤15分钟即完成。

Yammy!!

番茄沙拉 & 沙拉米佐莫札瑞拉起司

有着杂粮谷物香气的欧式面包，很适合搭配意式前菜或沙拉。沙拉米为一种意式香肠，通常会和口感绵密的莫札瑞拉起司一起享用，再加上清爽的番茄沙拉，让人胃口大开。

好丰盛

材料

牛番茄	2 颗
酸豆	少许
意大利沙拉米	适量
莫札瑞拉起司	适量
橄榄油	30cc
盐、胡椒粉	少许

做法

1 将牛番茄洗净切片，盛盘后淋上以橄榄油、盐、胡椒粉混和的酱汁，撒上少许酸豆。

2 将莫札瑞拉起司切片，和意大利沙拉米一起盛盘。

3 依个人喜好，搭配谷物欧式面包一起品尝。

全麦坚果乡村面包

以老面做为发酵种，再加入新的全麦面团制作，不仅可以缩短发酵时间，完成的面包也带有独特的香气和嚼劲。因将面团放入藤篮中发酵后，所产生独特的横向纹路，看起来更有质朴的乡村风味呢！

材料（1个份）

高筋面粉	210g	老面	60g	水	210cc
全麦粉	90g	（高筋面粉100%、盐2%、即		综合坚果	90g
二砂糖	15g	溶快速酵母粉1%、水5%）		无盐奶油	15g
盐	6g	即溶快速酵母粉	3g		

做法

1 先制作老面。将即溶快速酵母粉泡入温水中，再加入高筋面粉、盐和水拌匀成团，放
  入钢盆内，表面覆盖保鲜膜，置于室温下发酵约 1 小时，再放入冰箱冷藏过一夜。使
  用前，取出置于室温下 30~60 分钟，待回温后再使用。

2 将即溶快速酵母粉泡入 30cc 的 30~40℃ 的温水中拌匀，静置 5 分钟。

3 将高筋面粉、全麦粉、二砂糖、盐和综合坚果和 2 的水，搅拌均匀。放入 1 的老面，拌至光滑。

4 将面团取出揉成圆形，放入涂有奶油的盆中，盖上保鲜膜。静置于常温下 1 小时，进行基本发酵。

5 去除覆盖的保鲜膜，可用食指沾少许面粉插入面团中，如果不会回弹，即代表发酵完成。

 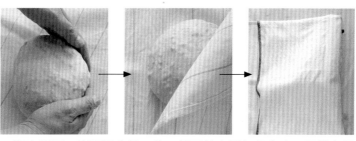

6 用手指轻压面团，排出多余的空气。

7 取出面团，将面团收圆，收口朝下放在面包帆布上，再盖上另一端面包布，覆盖上湿棉布，静置约 25 分钟。

NEXT ⇨

 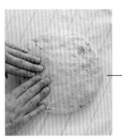 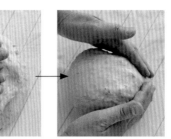

8 将全麦粉均匀撒在乡村面包藤篮中。

9 将 **7** 的面团压平后对折，再塑成圆形。

10 放入乡村面包藤篮中。

11 盖上醒面布，再覆盖上湿棉布，静置约 40~50 分钟。

12 待面团发酵高出藤篮 2cm。

13 将面团倒扣于烤盘上。

14 用竹签插数个小孔，使面包内部可以均匀受热。

15 先将烤箱以 200~220 ℃ 预热后，把面团放入烤 25~30 分钟。

搭配全麦面包更健康

三明治组合

将乡村面包切成薄片后，夹入喜欢的生菜和配料，就可做成各式三明治。使用全麦乡村面包比一般吐司更健康，营养价值也更丰富！

材料

培根	4 片
生菜	适量
洋葱	适量
番茄	适量
法式芥末酱	少许
美乃滋	少许
酸豆	少许

做法

1 将全麦坚果乡村面包切片。

2 将洋葱、番茄洗净后切薄片，生菜洗净后撕成小片。

3 培根放入锅中或烤箱中煎熟。

4 法式芥末酱和美乃滋拌匀。

5 将生菜、洋葱铺在一片全麦坚果乡村面包上，淋上 4 的酱汁，放上番茄片。

6 依各人喜好加上少许酸豆。

7 放上 3 煎熟的培根片。

8 叠上另一片面包后，再将三明治切半盛盘。

原味餐桌面包

餐桌面包（Table Roll）是日本很常见的一种早餐面包，小巧的份量也能当成平常的点心。直接吃就可以品尝到淡淡的奶油香气，从中间剥开，抹上喜欢的奶油或果酱，或是夹入生菜、培根等都非常美味。

材料（12 个份，每个约为 45g）

高筋面粉	240g	即溶快速酵母粉	3g
低筋面粉	60g	全蛋液	30g
细白砂糖	30g	水	165cc
盐	4.5g	无盐奶油	30g
奶粉	6g		

做法

1 参考 第 10 页使用食物调理机做面团的做法 1~17，制作面团，并进行基本发酵。

2 将面团依图中的顺序整型。

3 以手指将面团的末端搓细。

4 利用面包擀面棍将 3 的面团压平。

5 从较宽的一端往细的一端卷起。

6 排入烤盘中，进行最后发酵 40~50 分钟。

7 表面涂上蛋液。

8 以 180℃ 预热的烤箱，烤 12~15 分钟即完成。

delicious!!

维也纳香肠餐桌面包

将餐桌面包的面团揉成长条状后，再卷在维也纳香肠上，做成咸的口味。

维也纳香肠咬起来脆脆的口感，很受小朋友喜欢。

材料（12 个份，每个约为 45g）

高筋面粉	240g	即溶快速酵母粉	3g
低筋面粉	60g	全蛋液	30g
细白砂糖	30g	水	165cc
盐	4.5g	无盐奶油	30g
奶粉	6g	维也纳香肠	12 根

做法

1 参考 第 10 页使用食物调理机做面团的做法 1~17，制作面团，并进行基本发酵。

2 将面团依图中的顺序整型。

3 将长条型的面团，卷于维也纳香肠上。

4 排入烤盘中，进行最后发酵 40~50 分钟。

5 表面涂上蛋液。

6 以 180℃ 预热的烤箱，烤 12~15 分钟即完成。

ok!! ←

带有浓郁美乃滋香气

美乃滋餐桌面包

将基本的餐桌面包稍做变化，在发酵好的面团上方，剪出一个十字型，再挤入美乃滋，烘烤过后，柔软且湿润的独特口感，让人一吃就爱上！

材料（12 个份，每个约为 50g）

高筋面粉	240g	奶粉	6g	无盐奶油	30g
低筋面粉	60g	即溶快速酵母粉	3g	美乃滋	适量
细白砂糖	30g	全蛋液	30g	香芹粉	少许
盐	4.5g	水	165cc		

做法

1 参考 第 10 页使用食物调理机做面团的做法 **1~17**，制作面团，并进行基本发酵。

2 参考第 39 页原味餐桌面包的做法 **2~5**，整型面团。

3 将面团排入烤盘中，进行最后发酵 40~50 分钟。

4 面团中间以剪刀稍微剪开。

5 在开口处挤上美乃滋，撒上少许香芹粉。

6 放入以 180℃ 预热的烤箱，烤 12~15 分钟即完成。

tasty!!

原味、芝麻、蔓越莓贝果

贝果原本是犹太人的传统食物，战争时为了方便携带，才改良成中间空心的形状。低糖、低脂且低发酵的贝果，很符合近年来健康饮食的观念，最常见的吃法是涂上奶油、果酱，或做成三明治也很适合。

材料（各 6 个份，每个约为 90g）

原味贝果		芝麻贝果		蔓越莓贝果	
中筋面粉	300g	中筋面粉	300g	中筋面粉	300g
二砂糖	6g	二砂糖	6g	二砂糖	6g
盐	5g	盐	5g	盐	5g
即溶快速酵母粉	3g	即溶快速酵母粉	3g	即溶快速酵母粉	3g
水	150cc	水	150cc	水	150cc
糖水		原味芝麻酱	30g	蔓越莓果干	60g
水	2000cc				
细白砂糖	100g				

easy~

做法

1 参考第 13 页全手工制作面团的做法 **1~8**，制作面团，如要制作其他口味的贝果，芝麻酱或蔓越莓果干等，在做法 **6** 之后加入。

2 将面团压平后卷起，以手掌压揉成约 25cm 的长条状。

3 将其中一侧开口压扁，另一侧的末端搓细。

4 将扁的一端拉过来包覆住细的一端，压紧黏合变成圈圈状。

5 将食指和中指穿过中间的洞，轻搓塑成漂亮的圆形后，将面团静置至表面干燥。

6 准备烫面团的糖水，先将 2000cc 的水煮沸，加入细白砂糖拌至溶化，温度保持在 90~100℃。

7 将 5 的面团表面朝下，放入糖水中煮 1 分钟后翻面，再煮 1 分钟。

8 捞起面团，放置于干净的布上待其干燥，再放入烤盘。

9 放入以 200~220℃ 预热的烤箱，烤 15~20 分钟即完成。

时髦又具健康理念的早午餐

三明治贝果堡 ×
法式芥末美乃滋酱

将烘烤完成的贝果横切半，再夹入自己喜欢的配料，如各式新鲜蔬菜、火腿、培根或鲑鱼片等，就是营养丰富的三明治贝果堡了。建议选用原味或芝麻口味的贝果，较不会影响食材的风味。

法式美乃滋酱是属于没有甜味的酱料，制作时会加入鸡蛋，使沙拉油乳化成半固体状的酱料，动手做做看吧！

材料（1份）

三明治贝果堡		法式芥末美乃滋酱	
生菜	适量	鸡蛋	1个
洋葱	适量	柠檬汁或白酒醋	1大匙
烟熏鲑鱼片	1片	法式芥末籽酱	1大匙
酸豆	适量	盐、白胡椒粉	各少许
法式芥末美乃滋酱	适量	细白砂糖	少许
		沙拉油或葡萄籽油	200cc

做法

三明治贝果堡

1 烟熏鲑鱼片先解冻。

2 生菜洗净撕成小片，洋葱洗净切成薄片。

3 将原味或芝麻贝果切半，依个人喜好夹入配料享用。

法式芥末美乃滋酱

 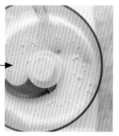  

1 将鸡蛋打散至呈淡黄色。

2 加入盐和细白砂糖。

3 加入柠檬汁。

4 加入法式芥末籽酱和白胡椒粉，一起打匀。

5 再慢慢注入沙拉油，打发至乳化固状，取出后冷藏可保存一周。

good!

天然粉红色的酸甜抹酱

蔓越莓抹酱

淡淡粉红的色泽，是蔓越莓天然的颜色，带点微酸味道的蔓越莓抹酱，很适合抹在加入干果类的贝果上一起品尝。蔓越莓富含花青素和维他命 C，也有极高的抗氧化力，是很受欢迎的保健食品。

材料

Cream Cheese	60g
细白砂糖	少许
蔓越莓或其他莓类果酱	
	2 大匙
柠檬汁	少许

（可依个人喜好调整）

1 将 Cream Cheese 和细白砂糖放入钢盆中。

2 加入 2 大匙的蔓越莓果酱和少许柠檬汁。

3 以打蛋器均匀搅拌即完成。

清香的橄榄风味

黑橄榄抹酱

带有独特的意式咸香风味的抹酱，结合了橄榄、酸豆和洋葱，再加入冷压初榨的橄榄油，更符合健康理念。这款抹酱不仅可以涂在贝果上，和法国面包一起品尝也很美味。

材料

橄榄	30g
无盐奶油	30g
橄榄油	30cc
酸豆	15g
蒜头	5g
洋葱	15g
盐	少许

1 放入橄榄和洗净去皮的蒜头。

2 加入洋葱、酸豆和盐。

3 最后加入无盐奶油和橄榄油，以均质机打匀。

意大利拖鞋面包

因为外型像意大利人穿的拖鞋，所以被称为拖鞋面包（Ciabatta），它的特色就是结构松散、有着大的气孔以及充满嚼劲的口感，虽然外表不起眼也没有丰富的内馅，但却越嚼越香、越嚼越有滋味。

中筋面粉	300g	水	180cc
细白砂糖	18g	橄榄油	18cc
盐	3.6g	橄榄	60g
即溶快速酵母粉	4g	高筋面粉（手粉）	少许

做法

1 参考第10页使用食物调理机做面团的做法 1~14，制作面团，并进行基本发酵。

2 利用刮板将面团分为5等份，并将面团滚圆，捏紧收口。

3 面团的收口朝下放在醒面布上，再盖上另一端醒面布。覆盖上湿棉布后，静置约25分钟。

4 面团沾少许高筋面粉。

5 将面团擀开呈椭圆形，静置约30分钟。

6 先将烤箱以200~220℃预热后，放入面团烤7~8分钟。

OK!!

现吃最美味的热三明治

帕尼尼

帕尼尼（Panini）为一种意式三明治，通常是使用拖鞋面包或佛卡夏面包，夹入蔬菜和其他馅料，再放入烤箱加热做成的，请趁热享用哦！

材料

莫札瑞拉起司	1 片
番茄片	2 片
罗勒	少许
意大利沙拉米	3 片

做法

1 将拖鞋面包剖半，但不要完全切断。

2 依序放上番茄片、莫札瑞拉起司、沙拉米和罗勒。

3 用裁剪好的烘焙纸包起来后，放入烤箱以200~220℃烤约 3 分钟，并趁热食用。

包法

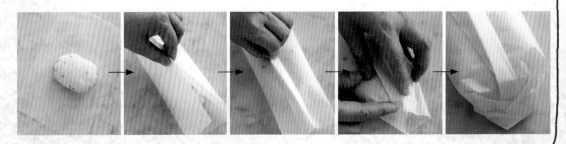

假日的午后 TEA TIME

③

周末的午后懒得出门，
不如就在家悠闲下午茶吧！
烤烤松饼、还有超简单的英式司康与手工饼干，
或是换换口味来个咸派也很不错！

松饼与可丽饼的绝妙组合

奶油松饼

阳光洒落的午后时光，总是爱和姐妹们一起享用着香喷喷的松饼……在烤得外皮焦脆、内层松软的格子松饼上，再加上薄薄的一层可丽饼皮。这种独特的吃法，能让不同口感交叠在一起，一口咬下去，连心都一起被疗愈了。

材料（1个份）

可丽饼面糊		松饼面糊			
低筋面粉	100g	低筋面粉	300g	水果干	少许
糖粉	20g	泡打粉	6g	综合谷物	少许
盐	20g	细白砂糖	30g	蜂蜜	少许
鸡蛋	1个	蜂蜜	50g	百香果	1颗
动物性鲜奶油	100g	柠檬皮屑	1大匙		
牛奶	200cc	天然香草荚酱	少许		
融化的无盐奶油	45g	鸡蛋	3个		
		动物性鲜奶油	100g		
		融化的无盐奶油	120g		

做法

制作松饼面糊 ————————————————————————————

  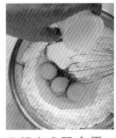 

1 低筋面粉和泡打粉
先过筛。

2 加入细白砂糖和柠
檬皮屑。

3 打入3颗全蛋，
依序加入蜂蜜、动
物性鲜奶油。

4 将融化的无盐奶油
倒入中间的位置。

5 以打蛋器拌至均
匀后，静置至少
30分钟。

如果放置超过30分钟以上，需
移至冷藏库静置，使用时直接放
入松饼机即可。

NEXT

制作可丽饼面糊

6 将低筋面粉、盐和糖粉先过筛入钢盆内。

7 再加入鸡蛋，从中心轻轻搅拌。

8 加入动物性鲜奶油和牛奶。

9 无盐奶油预先以50~60℃的温度隔水融化，再分次加入拌匀。

10 拌至均匀后，再过筛一次。将盛有调好面糊的调理盆，表面贴上保鲜膜，冷藏保存一个晚上。

制作可丽饼

11 加热平底锅至中等温度。倒入调好的10，并绕一圈使面糊均匀布满锅面。

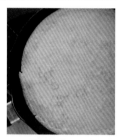

12 待面糊呈黄色后翻面，离火，使用锅面的余温加热另一面。将煎好的饼皮盛盘备用。

制作松饼

13 加热松饼机，将5的面糊倒入，盖上盖子，将松饼烤熟。

14 刷上一层薄薄的无盐奶油。

15 撒上个人喜好的果干及谷物。

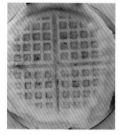

16 放上12的可丽饼皮，再盖上松饼机的盖子，加热至饼皮着色。

17 将松饼取出，切成便于食用的大小，淋上蜂蜜或搭配百香果或其他水果一起品尝。

天然水果最安心

荔枝冰淇淋

冰冰凉凉又甜滋滋的冰淇淋，咬一口，在嘴里缓缓融化，应该没有人不喜欢吧？外面卖的冰淇淋通常都有色素、乳化剂、食品添加物等，不妨试着在家里做做看，使用天然食材制作，味道和营养绝对比外面卖的要出色。

材料

荔枝果泥	250g	蛋黄	2个
柠檬汁	25cc	动物性鲜奶油	200g
细白砂糖	25g	荔枝酒	少许

做法

1 将蛋黄和细白砂糖以打蛋器拌匀。

2 加入50g的动物性鲜奶油，剩余的150g隔冰水打发。

3 混合均匀后，以中火加热。

4 离火，加入荔枝果泥拌匀。

5 隔冰块水降温并拌合均匀。

6 加入柠檬汁。

7 加入事先隔冰水打发的动物性鲜奶油混合均匀。

8 倒入冰淇淋机中搅拌15分钟呈固态状即完成。

 冰淇淋的冰桶须事先放入冰箱冷冻至少8小时或过一夜。

英式司康 —— 意式风味、原味、综合坚果

司康是英国的传统点心，常见于经典英式下午茶的点心盘中。司康的做法简单，事先做好面糊冷冻保存，要烘烤时再移入冷藏解冻，再以压模压出想要的形状，就能放入烤箱，等待美味的司康出炉啰！

 意式风味

材料（12个）

低筋面粉	300g	牛奶（需冷藏）	60cc
泡打粉	12g	无盐奶油（需冷藏）	100g
二砂糖	60g	罗勒	适量
盐	2g	意大利香料粉	适量
鸡蛋（需冷藏）	1个		

做法

1 将低筋面粉、泡打粉、二砂糖、盐先冷冻15分钟以上，一起过筛后，倒入食物调理机中。

2 加入意大利香料粉和罗勒。

3 加入切成小块的无盐奶油，以食物调理机打成粗颗粒状。

4 将鸡蛋打散和牛奶混合均匀，先倒入2/3的量，打成松颗粒状，再倒入剩余的1/3拌匀。

5 将4放入钢盆中，用刮板压切成团。（压切的方式请参考第61页的步骤6），再以擀面棍擀成厚2.5cm的面团。放入塑料袋或用保鲜膜包好，冷藏至少2小时或一个晚上。

6 接下来，请参考第61页原味司康的做法9~11。

 NEXT

59

 原味

材料（12个）

低筋面粉	300g	鸡蛋（需冷藏）	1个
泡打粉	12g	牛奶（需冷藏）	70cc
二砂糖	60g	无盐奶油（需冷藏）	100g
盐	2g		

做法

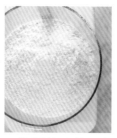

1 将低筋面粉、泡打粉、二砂糖、盐先冷冻15分钟以上，一起过筛后，倒入食物调理机中。

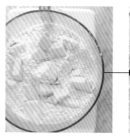

2 加入切成小块的无盐奶油，以食物调理机打成粗颗粒状。

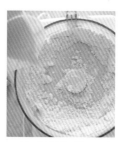

3 将鸡蛋打散和牛奶混合均匀，先倒入2/3于2中。

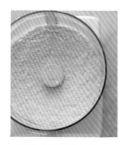

4 打成松颗粒状。

5 再倒入剩余的1/3打匀。

6 将 5 放入钢盆中，用刮板压切成团。

7 以擀面棍擀成厚2.5cm 的面团。

8 放入塑料袋或用保鲜膜包好，冷藏至少 2 小时或一个晚上。

9 饼干压模先沾少许面粉。

10 将压模放在面团上，压出圆形的面团。

11 放入以 180℃预热的烤箱，烤约 20 分钟即完成。

如果没有压模，也可以做成不规则状的司康，只要将步骤 5 打匀的面团，均分为每个约 50~70g 的小面团，再捏成不规则的司康造型，放入预热好的烤箱烤至表面呈金黄色就完成了！

NEXT

综合坚果

材料（12个）

低筋面粉	300g	鸡蛋	1个
泡打粉	12g	牛奶	70cc
二砂糖	60g	无盐奶油	100g
盐	2g	综合坚果	60g

做法

1 将低筋面粉、泡打粉、二砂糖、盐先冷冻 15 分钟以上，一起过筛后，倒入钢盆中。

2 放入整块的无盐奶油，使奶油均匀沾裹一层 1。

3 用刮板切拌奶油，和粉类材料均匀混合成粗颗粒状。

4 加入切碎的坚果混合均匀，并于中间做出一个凹槽。

5 将鸡蛋打散和牛奶混合均匀，先倒入 2/3 的量。

6 将外侧的粉类材料往中间盖并搅拌均匀，再倒入剩余的 1/3 拌匀。

7 将 3 放入钢盆中，用刮板压切成团。

8 以擀面棍擀成厚 2.5cm 的面团，放入塑料袋或用保鲜膜包好，冷藏至少 2 小时或一个晚上。

9 接下来，请参考第 61 页原味司康的做法 9~11。

司康与吐司的绝佳配角

天然果酱——
荔枝、柳橙、苹果

超市里售卖的水果多种多样，有很多都非常适合做果酱，选用时令的新鲜水果做成果酱，无须担心果胶、糖精、色素等人工添加物，还咀嚼得到天然的果粒纤维，安心享用最自然的好味道。

材料

荔枝（或柳橙、苹果）	1kg
细白砂糖	250g~300g
柠檬汁	适量

做法

1 将水果洗净去壳或去皮，剥除籽和内膜，用手撕或切成小块。

2 加入细白砂糖静置于室温下2小时，或移入冰箱冷藏放置一夜。

3 可以利用均质机或果汁机将果肉打碎。

4 以小火一边熬煮一边搅拌，并捞除浮起的泡泡。

5 煮至浓稠状后关火，趁热放入果酱瓶中，盖上盖子倒扣放置，放凉后再以冷藏保存。

tasty!

搭配茶饮的手工饼干

伯爵红茶饼

将带有佛手柑香气的红茶叶磨成细粉，加入饼干面团中，不用饼干压模裁切，而是用手直接压扁面团，不规则的边缘，反而更具手感呢！还可以放入透明包装袋中，当成礼物送人，展现满满的心意。

材料

无盐奶油	100g	低筋面粉	200g
二砂糖	75g	杏仁角	50g
全蛋液	50g	伯爵茶粉	7g
天然香草荚酱	少许		

做法

1 将放置室温软化的无盐奶油拌成泥状。

2 加入二砂糖，以打蛋器拌成微白状态。

3 将全蛋液回温至常温后和天然香草荚酱混合，以少量多次加入2中，搅拌均匀。

4 低筋面粉和伯爵茶粉一起过筛。

5 将4和杏仁角加入3中拌匀，静置30分钟。

6 将5揉至呈长条状，以刮板均分为每块15g，揉成圆形后压平。

7 排入烤盘中，放入以170℃预热的烤箱中，烤约15分钟即完成。

伯爵茶也可以自选香气风味佳的红茶，使用前先磨成粉末状，香气就不易挥发，可以保留茶叶的美味。

意大利香草蛋白饼

将蛋白充分打发后，加入奶油、面粉等材料，用花嘴挤出漂亮的纹路和造型，就是口感松脆的意大利蛋白饼了。轻轻咬下，淡淡的奶油与香草的味道，瞬间散发在齿间。

材料

无盐奶油	120g	盐	1.5g
细白砂糖	30g	低筋面粉	135g
蛋白	30g	糖粉（表面用）	适量
天然香草荚酱	少许		

做法

1 将放置室温软化的无盐奶油搅拌成泥状。

2 加入细白砂糖和天然香草荚酱拌匀。

3 低筋面粉先过筛好备用。

4 另取一个干净的钢盆，将蛋白打发至不滴落的状态。

5 加入 1/3 的细白砂糖，打至有立角，再加入细白砂糖。

6 打至有立角且具光泽后，再加入细白砂糖继续搅拌。

7 将 6 分数次加入 2 拌匀。

8 加入过筛的 3 拌匀，不要拌得太湿润，以免挤出来的面糊无法呈现漂亮的纹路。

9 将 8 的面糊填入菊口挤花袋中。

10 烤盘上铺上烘焙纸，将面糊挤成数字"3"的形状。

11 放入以 170℃预热的烤箱中，烤约 15 分钟即完成。

湿润细致的胡萝卜风味

胡萝卜重奶油蛋糕

重奶油蛋糕又称为磅蛋糕，是英国的一种传统点心，由于加入了大量的无盐奶油，口感因而变得非常绵密。将小朋友不爱吃的胡萝卜磨成泥，加入蛋糕面糊中，不但可以避免胡萝卜的特殊味道，还能享用到它丰富的营养成分。

材料 （3 条份）

全麦粉	30g	二砂糖	70g	新鲜胡萝卜泥	150g
泡打粉	2g	蜂蜜	20g	核桃	45g
低筋面粉	100g	全蛋	1个	橙皮丁	45g
无盐奶油	90g	蛋黄	2个	白兰地酒	10cc

做法 （全蛋法）

1 先将蛋糕模型内侧涂上一层薄薄的软化无盐奶油。

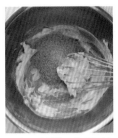

2 奶油拌成泥状后，加入二砂糖再搅拌均匀。

3 再加入蜂蜜拌匀。

4 将全蛋和蛋黄打匀，分次少量加入3中拌匀。

5 全麦粉、泡打粉和低筋面粉先过筛，先将1/2的粉量拌入4中。

6 加入胡萝卜泥混合均匀。

7 再加入剩余1/2的全麦粉、泡打粉和低筋面粉拌匀。

8 核桃先放入烤箱以150℃烤7~8分钟，再冷却备用。加入核桃和橙皮丁。

9 混合均匀后盛入模型至6~7分高。

10 放入以170~180℃预热的烤箱，烤约30分钟即完成。

蓬松柔软中带有柠檬香气

柠檬重奶油蛋糕

这款以分蛋法制作的柠檬重奶油蛋糕，柠檬汁的酸味和柠檬皮屑的香气，中和了重奶油蛋糕原本甜腻的口感。分蛋法做出来的蛋糕较为蓬松柔软，而全蛋法的蛋糕口感则是湿润细腻，可以依个人的喜好来改变制作方式。

材料（4 条份）

无盐奶油	120g	蛋黄	2 个	低筋面粉	120g
细白砂糖	80g	杏仁粉	40g	泡打粉	2g
柠檬皮屑	1 大匙	蛋白	2 个	镜面果胶	少许
柠檬汁	40cc	细白砂糖	40g		

做法（分蛋法）

1 先将蛋糕模型内侧涂一层薄薄的软化无盐奶油。

2 奶油拌成泥状后，加入细白砂糖和柠檬皮屑再拌匀。

3 一次加入一个蛋黄搅拌均匀。

4 再加入杏仁粉搅拌均匀。

5 将柠檬汁分次加入 4 中拌匀。

6 将蛋白打发后，加入 1/3 的细白砂糖。

7 打成细致的泡沫后加入 1/3 的细白砂糖，打至有立角具有光泽。

8 加入剩余的细白砂糖，再打发至有立角具有光泽的蛋白霜。

9 将 1/3 的蛋白霜分多次拌入 5 中。

10 依时钟的 3 点至 9 点方向拌匀。

11 加入过筛的低筋面粉和泡打粉拌匀。

12 再加入剩余的蛋白霜拌匀。

13 混合均匀后盛入模型至 6~7 分高。放入以 170℃预热的烤箱，烤约 25 分钟。

14 取出重奶油蛋糕，待降温后，表面涂上一层镜面果胶，可以使蛋糕保持湿润，且保存较久。

做法简单的经典巧克力点心

欧洲巧克力布朗尼

布朗尼是做法非常简单的甜点，只要依序将材料混合拌匀，再放入烤箱烘烤就大功告成了！
浓郁的苦甜巧克力香气，扎实又湿润的口感，再搭配冰淇淋，满嘴都是幸福滋味！

材料

无盐奶油	120g	天然香草荚酱	少许	泡打粉	3g
二砂糖	40g	苦甜巧克力	60g	核桃	60g
黑糖蜜	20g	低筋面粉	100g	酒渍葡萄干	60g
鸡蛋	2个	可可粉	20g		

做法

1 将回温至室温的无盐奶油拌成泥状后，加入二砂糖拌匀。

2 将鸡蛋回温至室温，打成蛋液，分次加入 1 中，搅拌至不松散的状态。

3 加入黑糖蜜和天然香草荚酱拌匀。

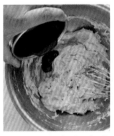

4 苦甜巧克力先以 30~35℃的温度隔水加热，融化至呈液态后，加入 3 拌合均匀。

5 低筋面粉、可可粉和泡打粉先过筛，加入 4 中拌匀。

6 加入酒渍葡萄干并混合均匀。

7 将 6 倒入蛋糕模中，撒上核桃。

8 放入以 170~180℃预热的烤箱，烤 25~30 分钟，完成后脱模冷却。

莓果冷乳酪蛋糕

完全无须使用烤箱的一道甜点，以压碎的健康的红曲饼干当成饼干底，加上莓果打成酸甜绵滑入口即化的慕斯，红曲和莓果天然的淡红色，不仅看起来赏心悦目，还能抗氧化！

材料（1条份）

		乳酪慕斯		上层装饰	
红曲饼干	80g	莓类果泥	185g	动物性鲜奶油	150g
无盐奶油	40g	细白砂糖	90g	细白砂糖	15g
冷冻莓果	60g	Cream Cheese	250g	明胶片	3g
		动物性鲜奶油	150g	水果酿造的白兰地酒	15cc
		明胶片	7g		
		白兰地酒	20cc		

做法

1 将回温至室温的无盐奶油拌成泥状，加入捣碎的红曲饼干拌匀。

2 将 1 倒入模型中铺平。

3 放上冷冻莓果。

4 制作乳酪慕斯。将 Cream Cheese 拌成泥状，加入细白砂糖拌合。

5 加入莓类果泥搅拌均匀。

6 倒入白兰地酒拌匀后，加入事先隔水加热的明胶片再拌匀。

7 动物性鲜奶油先隔冰块水打至 8 分发，拌入 6 中混合均匀。

8 将 7 倒入 3 的模型中，移至冷藏或冷冻待凝固成型。

9 制作上层装饰。将动物性鲜奶油和细白砂糖一起隔冰块水打发。

10 取适量的 9 加入预先融化的明胶片中，搅拌均匀。

11 将少许白兰地酒加入 10 中拌匀，再倒回 9 的钢盆中，均匀拌至滑顺。

12 将 11 加入 8 并稍微整型后，移入冰箱冷藏使其凝固定型。

甜椒培根咸派、洋葱鸡肉咸派

偶尔想换个口味时，不妨试试看咸派吧！只要事先将派皮做好冷冻保存，使用前一天再取出退冰，加入自己喜欢的馅料，就能制作出各种不同风味的咸派。培根和洋葱烘烤过后，提出甜味，还有咸香的培根，让人赞不绝口；也可以放入洋葱和鸡肉，淋上奶油白酱，让浓郁的酱汁和内馅的美味融合在一起。

材料

派皮

低筋面粉	140g
无盐奶油（需冷藏）	80g
盐	3g
起司粉	适量
冰水	55cc

内馅

红椒、黄椒	各 1/4 颗
洋葱	1/2 颗
培根	3 片
乳酪丁	50g
乳酪丝	60g

布丁液

蛋液	100g
蛋黄	20g
牛奶	150cc
动物性鲜奶油	50g
盐、胡椒粉	少许

甜椒培根

做法

制作派皮

1 先将低筋面粉和盐冷冻 15 分钟以上，过筛后使用。

2 放入无盐奶油，均匀沾裹一层 1，再使用擀面棍打软。

3 以橡皮刮板将奶油切半，再切成细条状。

4 再切成米粒般的小颗粒状。

5 用手指搓细 4，粉末呈现黄色。

6 加入冰水，拌合成团。

NEXT

7 以保鲜膜包好后，放入冰箱低温冷藏 2 小时或过一晚。

8 将 7 沾裹少许面粉，以擀面棍擀平。再将派皮放入 15cm 的塔模中，压平塑型。

9 以擀面棍滚压塔模，修整多出的派皮，要比塔模略高一些。

10 底部利用叉子插出气孔。

制作布丁液

11 铺上修剪好的防沾烤纸。

12 加入重石使派皮定型，放入以 190~200 ℃ 预热的烤箱，烤 15 分钟后，取出重石，再续烤约 10 分钟。

13 拌匀蛋液和蛋黄，加入混合好的牛奶和动物性鲜奶油。搅拌均匀后，拌入盐和胡椒粉调味。

制作咸派

14 取出 12 的派皮，以刷子沾少许面粉堵住气孔。

15 洋葱洗净后切成小丁，炒成半透明状，铺入派皮底层，再放入切成小丁的红椒和黄椒。

16 放上切成小片的培根和乳酪丁，加上少许乳酪丝。

17 撒上香芹粉，倒入 13 的布丁液，放入以 150~160 ℃ 预热的烤箱，烤 25 ~30 分钟。

材料

派皮

低筋面粉	140g
无盐奶油（需冷藏）	80g
盐	3g
起司粉	适量
冰水	55cc

内馅

鸡肉	80g
洋葱	1/2 颗
乳酪丁	50g
乳酪丝	60g

白酱

无盐奶油	30g
面粉	20g
牛奶	200cc

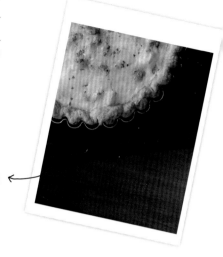

洋葱鸡肉 ←

做法

1 参考第 77 页甜椒培根咸派的做法 **1~13**，制作派皮。

制作白酱

2 将无盐奶油倒入锅中加热融化，加入面粉拌合均匀。

3 慢慢将牛奶以少量多次的方式加入，继续搅拌至成糊状且不结粒。

制作咸派

4 取出烤好的派皮，以刷子沾少许面粉堵住气孔。

5 洋葱洗净后切成小丁，炒成半透明状，铺入派皮底层，放入少许的乳酪丁，倒入一半的白酱。

6 再放入炒熟的鸡肉丁。

7 倒入剩余的另一半白酱。

8 撒上乳酪丝，放入以 150~160 ℃ 预热的烤箱，烤25~30 分钟。

yammy!

四季水果塔

沙布雷塔皮为一种法式的低温甜塔皮，烘烤过后的口感酥脆，有点类似饼干，搭配香气十足的杏仁奶油馅，奢华地排放在上面的新鲜柳橙切片，也可以换成各种时令的水果，清爽而不甜腻。

材料

沙布雷塔皮		杏仁奶油内馅		装饰	
无盐奶油（需冷藏）	50g	低筋面粉	10g	柳橙	1颗
糖粉（需冷藏）	40g	杏仁粉	50g	糖粉	适量
泡打粉（需冷藏）	少许	细白砂糖	50g		
盐（需冷藏）	少许	橙皮屑	少许		
杏仁粉（需冷藏）	20g	鸡蛋	1个		
低筋面粉（需冷藏）	90g	无盐奶油	50g		
蛋液（需冷藏）	25g				

做法

制作塔皮

1 将低筋面粉、盐、杏仁粉先过筛，放入钢盆中。

2 放入无盐奶油，利用刮板切成细碎状。　　3 加入蛋液，均匀拌至看不见粉末。

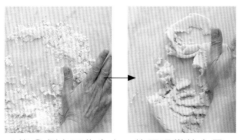

4 将 3 倒在工作台上，使用手掌的力量，推揉成团。

5 以保鲜膜包好后，放入冰箱低温冷藏 2 小时或过一晚。

NEXT

6 将 5 沾裹少许面粉，以擀面棍擀平。

7 将 派 皮 放 入 15cm 的塔模中，压平塑型。

8 修整多出的派皮。

制作杏仁奶油内馅

9 先将低筋面粉、杏仁粉和细白砂糖过筛。

10 加入鸡蛋和无盐奶油拌匀。

11 加入少许橙皮屑混合均匀。

12 利用橡皮刮刀将 3 盛入 9 的塔皮中。

13 将柳橙切成半圆形薄片，以放射状排列在 12 的上方。

14 撒上糖粉。

15 放入以 170 ℃ 预热的烤箱，烤约 30 分钟。

delicious!!

④ 天然手工甜点

偶尔想要犒赏一下味蕾，或是心情灰蓝色时，最适合用法式牛奶糖、水果软糖、奶酪、焦糖布丁、棉花糖、马卡龙来疗愈了。

法式香草牛奶糖、法式焦糖牛奶糖

法式牛奶糖也就是"生牛奶糖"，利用鲜奶油加上天然香料和砂糖，细心熬煮而成，浓郁的牛奶香融合了焦糖或香草的风味，入口即化的口感，仿佛唤起小时候吃到第一颗牛奶糖的甜蜜记忆！

焦糖口味 ←

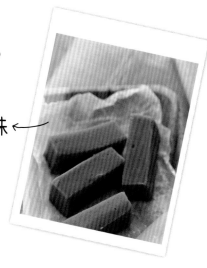

材料（12 个）

动物性鲜奶油	350g	转化糖浆	25g
细白砂糖	225g	无盐奶油	25g
水麦芽	75g		

做法

1 加热动物性鲜奶油，煮至快要沸腾前离火。

2 另起一锅，倒入1/4 的细白砂糖煮成焦糖色。

3 煮至大泡泡变成小泡泡时，关火，加入 1 拌匀。

4 加入剩余的细白砂糖，一边拌匀并以小火加热，煮至沸腾。

5 关火后，加入转化糖浆和水麦芽拌匀。

NEXT ⇨

转化糖浆为无色透明的黏稠液体，可以防止蔗糖重结晶，而且甜度比等量的蔗糖更甜，可以减少砂糖的用量。

6 开大火加热，煮
至沸腾，焦糖液
呈浓稠状且翻动
时可以看见锅底
的状态。

7 另外准备一锅冰
水，将少许的6
滴入水中凝固，
用手指测试软度。

8 将6离火，加入
无盐奶油搅拌均
匀。

9 准备好一个浅的
模具，铺上烤盘
纸。

10 将8倒入模具
中，放凉待凝固
后，切成个人喜
欢的大小，再包
上糖果纸。

水麦芽又称为水饴，为含水
量较多的麦芽糖，颜色为透
明，常用来做成糖果或烘焙
时使用。

香草口味 ←

材料（12个）

动物性鲜奶油	350g	转化糖浆	25g
香草荚	1支	无盐奶油	25g
细白砂糖	175g	岩盐	少许

做法

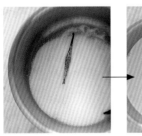 

1 将细白砂糖、香草荚和动物性鲜奶油放入锅中煮至沸腾。

2 关火，加入转化糖浆拌匀。

3 再开大火加热，煮至沸腾，糖浆呈浓稠状且翻动时可以看见锅底的状态。

4 另外准备一锅冰水，将少许糖浆滴入水中凝固，用手指测试，调整软硬度。

5 将3离火，加入无盐奶油搅拌均匀。

6 准备好一个浅的模具，铺上修剪好的烤盘纸。

7 将5倒入模具中，撒上岩盐，放凉待凝固后，切成个人喜欢的大小，再包上糖果纸。

封印水果原味的小巧宝石

法式水果软糖

法式水果软糖（Pâte de Fruit）是一道经典的法国点心，原本是欧洲人为了延长水果的保存期限，而发明的一种"干果酱"，完整保留了水果原本的风味，外层裹上一层砂糖，看起来就像是缤纷晶莹的宝石一般，让人爱不释手。

材料

黄色		红色		紫色	
芒果果泥	250g	芒果&黑醋栗果泥 共250g		黑醋栗果泥	250g
细白砂糖	50g	细白砂糖	80g	细白砂糖	70g
果胶粉	5g	果胶粉	8g	果胶粉	7g
砂糖	250g	砂糖	250g	砂糖	250g
水麦芽	50g	水麦芽	75g	水麦芽	50g
浓缩莱姆汁	2.5cc	浓缩莱姆汁	2.5cc	浓缩莱姆汁	2.5cc
粗砂糖	适量	粗砂糖	适量	粗砂糖	适量

做法

1 浆果泥煮至 35~40 ℃后离火。细白砂糖和果胶粉倒入塑料袋中混合均匀。

2 将混合好的细白砂糖和果胶粉分 2~3 次加入，搅拌成没有颗粒状再加热沸腾 1~2 分钟，使其完全溶解。

3 将砂糖分 5 次加入 2，每次加热 1~2 分钟至沸腾，至完全溶解。

4 加入水麦芽拌匀。

5 煮至 107 ℃，加入浓缩莱姆汁。

6 准备好一个浅的模具，铺上烤盘纸。将 5 倒入模具中，放凉待凝固后，切成 3×3cm 的方形，再沾上粗砂糖。

tasty!

滑顺口感中带有浓郁奶香

意大利奶酪

这是一款做法非常简单的意式家常甜点，无须使用烤箱等工具，只要将材料均匀混和后，放入冰箱冷藏凝固，就大功告成了！若再搭配新鲜果酱或焦糖液，也很适合。

材料（4杯量）

马士卡邦起司	250g	细白砂糖	45g
动物性鲜奶油	125g	明胶片	3片
牛奶	175cc	洋酒	少许

做法

1 将马士卡邦起司搅拌成泥状。

2 加入细白砂糖拌匀。

3 将牛奶和动物性鲜奶油混合均匀，分次加入 2 拌匀。

4 明胶片事先泡冰水15分钟，再隔水加热溶解后，加入 3 中。可依个人喜好加入少许洋酒。

5 盛入容器中，放入冰箱冷藏40分钟以上，待其凝固。

6 依个人喜好搭配新鲜水果、果酱或焦糖液（请参考第93页的做法1~3）一起品尝。

吃得到新鲜鸡蛋香气

英式焦糖布丁

滑嫩Q弹的鸡蛋布丁，相信是很多人小时候爱不释手的解馋小点心，从表面一口一口地往下挖，吃到最底部浓浓的焦糖液，一点一滴也不愿意浪费……它的做法其实一点儿也不难，若采用蒸的方式，口感会较软嫩哦！

材料（6个份）

布丁液		牛奶	250cc	焦糖液	
鸡蛋	2个	天然香草荚酱	少许	细白砂糖	35g
蛋黄	1个	兰姆酒	少许	水	10cc
细白砂糖	45g			热水	10cc

做法

制作焦糖液

 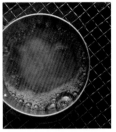 

1 将细白砂糖和水加入锅中。

2 加热至呈焦糖色后，倒入热水，煮至开始冒烟，且出现小泡泡为止，离火。

3 利用小汤匙舀出焦糖液至烤杯中。

制作布丁液

 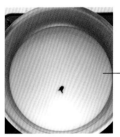 

4 混合鸡蛋、蛋黄和细白砂糖后，以打蛋器打匀。

5 另起一锅，放入牛奶和天然香草荚酱，煮至沸腾前离火。

6 将**5**加入**4**中，以打蛋器拌匀。

7 过筛一次，以去除异物。

8 倒入**3**的模型中，捞起表面的泡泡。

9 将**8**盖上铝箔纸，排入烤盘中。

10 烤盘中倒入模型1/3高的热水，隔150℃的热水蒸烤25~30分钟，利用水蒸气的热度使其凝固。

薄脆焦糖让美味加分

法式烤布蕾

将英式焦糖布丁稍做变化，表面撒上一层薄薄的糖，再将其烤成金黄薄脆，就是法式料理中常见的甜点——烤布蕾。在吃之前，用汤匙轻轻敲破表面的焦糖脆片，香醇浓郁的气味扑鼻而来，让人难以抗拒它的魅力！

材料（3个份）

布丁液

鸡蛋	2个
蛋黄	1个
细白砂糖	45g
牛奶	250cc
天然香草荚酱	少许
兰姆酒	少许

表面装饰

细白砂糖	适量

做法

1 请参考第93页英式焦糖布丁的做法 4~9，将细白砂糖撒在布丁上面。

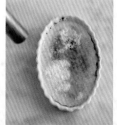

2 利用喷枪将细白砂糖烤成焦糖色。

万用的甜点搭配馅料

卡士达酱

卡士达酱是一种很常见的酱料，常用作泡芙或派塔的内馅，也可当成可丽饼和松饼的配料。香浓滑顺、甜而不腻的的口感，能为甜点加分不少。

材料

柠檬汁	50cc	奶粉	10g
柠檬皮	1 个	低筋面粉	15g
水	150cc	玉米粉	8g
蛋黄	3 个	无盐奶油	10g
细白砂糖	50g		

做法

 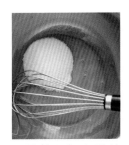  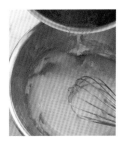

1 将柠檬汁、柠檬皮屑和水放入锅中加热至沸腾前，离火。

2 蛋黄和细白砂糖放入钢盆中。

3 加入奶粉、低筋面粉和玉米粉，搅拌至微白。

4 将 1 分次加入 3 中，搅拌均匀。

5 将 4 过筛倒回锅中。

6 开中大火加热至中心沸腾、呈凝固状态为止，离火。

7 倒入干净的钢盆中，贴上保鲜膜，隔冰块水快速冷却。

入口即化的缤纷软糖

棉花糖

无论是颜色或造型都很让人喜爱的棉花糖（Marshmallow），其实是源自于古埃及祭祀时的甜点，利用明胶凝固打发的蛋白，再加入不同风味的水果酒调味，使其拥有松软入口即化的口感，不但可以直接吃，还能和热巧克力或冰淇淋一起享用。

材料

细白砂糖	65g	细白砂糖	25g	桔色食用色素	少许
水麦芽	10g	明胶片	4 片（8g）	玉米粉	适量
水	25cc	洋酒（蜜桃酒或橙酒）	少许		
蛋白	50g	粉红色食用色素	少许		

做法

1 撒薄薄一层玉米粉在烤盘上。

2 将细白砂糖65g、水麦芽 10g 和水 25cc 加入锅中，拌匀后加热至 125℃。

3 打发蛋白后，加入 1/3 的细白砂糖，以打蛋器继续打发。

4 打至有立角后，再加入 1/3 的细白砂糖继续搅打。

5 加入剩余 1/3 的细白砂糖，最后打至滑顺有光泽。

6 将 2 慢慢加入 5 中拌匀。

7 事先将明胶片隔水加热溶解，并加入少许洋酒，再放入 6 中混合均匀。

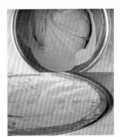

8 将 7 分成两份，分别加入粉红色和桔色食用色素混合均匀。

9 将 8 分别填入菊口花嘴中，挤出一个个小圆形在 1 上。挤完时，花嘴要稍微向上绕一下收尾。

10 放入冰箱冷藏，待其凝固后，均匀裹上一层玉米粉，并以筛子筛去多余的粉末即完成。

酥脆核桃与松软棉花糖在舌间共舞

俄罗斯雪白棉花糖

雪白的棉花糖中，夹入酥脆的核桃内馅，一次就能吃到软硬不同的口感，以及咸咸甜甜的
绝妙滋味。俄罗斯棉花糖据说是当年俄国沙皇的最爱，也是"明星咖啡馆"的招牌点心。

材料

细白砂糖	65g	蛋白	50g	洋酒	少许
水麦芽	10g	细白砂糖	25g	核桃	适量
水	25cc	明胶片	4片（8g）	玉米粉	适量

做法

1 将慕斯框放在烤盘上，洒上一层薄薄的玉米粉。

2 核桃先放入烤箱以150℃烤10~15分钟，再冷却压碎备用。

3 请参考第97页棉花糖的做法2~7。

4 将3倒入慕斯框中约一半的高度，并铺平。

5 撒上碎核桃。

6 再倒入第二层的3，铺平后，放入冰箱冷藏，待其凝固。

7 将慕斯框取出脱模后，切成个人喜欢的大小。

吉拿泡芙

吉拿（Churros）是西班牙具有代表性的下午茶点心，也是许多人看电影时的零嘴。它的做法类似泡芙，这里将原本的油炸改以烤箱烘烤的方式，不仅方便制作也不油腻，烤至表面金黄酥脆时，再撒上糖粉或搭配卡士达酱，都是很常见的吃法。

材料（12个份）

无盐奶油	50g	盐	1g
水	50cc	低筋面粉	75g
牛奶	50cc	鸡蛋	3个

做法

1 将水和牛奶倒入锅中。

2 加入无盐奶油和盐煮至融化，大火中心沸腾后，离火。

3 加入过筛的低筋面粉拌匀，再以中小火拌炒至锅底有薄膜后，离火。

4 将打散的鸡蛋分次加入 3，刮刀以 Z 字型切散，再拌合。

5 均匀拌至面糊捞起时会呈倒三角形，具有光泽。

6 填入菊口挤花袋，挤成长条状或甜甜圈造型。

7 撒上糖粉，放入以 190~200 ℃预热的烤箱，烤20~25分钟。

色彩缤纷的法式小圆饼

马卡龙

圆圆的绿色的小圆饼，搭配的是香气浓郁的开心果奶油霜；嫩黄亮眼的马卡龙，则可以品尝到香橙的清爽甜美风味。有如宝石般缤纷诱人的马卡龙，光是看，心情就愉悦了起来！

材料（15~18 颗份）

薄荷开心果马卡龙

蛋白	60g
细白砂糖	60g
杏仁粉	75g
100% 糖粉	75g
食用色素（绿色）	少许

薄荷开心果奶油酱

杏仁膏	50g
无盐奶油	50g
开心果酱	50g
薄荷叶	2 片
薄荷酒或白兰地酒	5cc

君度香橙马卡龙

蛋白	60g
细白砂糖	60g
杏仁粉	75g
100% 糖粉	75g
食用色素（黄色）	少许

君度香橙白巧克力甘纳许

动物性鲜奶油	100g
白巧克力	100g
无盐奶油	50g

橙膏	1 大匙
橙皮丝	适量
君度橙酒	10cc

做法

制作圆饼

1 杏仁粉和糖粉先过筛一次。

2 将蛋白打发至不滴落，加入 1/3 的细白砂糖，再打至有立角。

3 将剩余的细白砂糖分 2 次加入，分别打至有立角且滑顺有光泽。

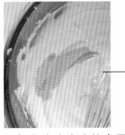

4 加入个人喜欢的食用色素并拌匀。

5 加入过筛的 **1**，压拌混合均匀。

NEXT

依据烤箱品牌的不同，烤温与时间也会有所改变。

6 将5填入圆口花嘴中，在铺有硅利康烤盘垫的烤盘上挤出一个个小圆形。

7 提起烤盘，轻拍底部使马卡龙表面平整。静置于室温下，待面糊表面干燥。

8 放入以130℃预热的烤箱，烘烤12~14分钟，待圆饼底部出现"裙边"即完成。

制作薄荷开心果甘纳许

9 将杏仁膏和无盐奶油放置室温下软化，一起拌成泥状。

10 加入开心果酱混和均匀，再倒入薄荷酒拌匀。

11 加入切碎的薄荷叶搅拌均匀。

制作君度香橙白巧克力甘纳许

12 将动物性鲜奶油加热至快要沸腾的状态。

13 加入白巧克力，待其慢慢溶解，拌匀并降温至35~40℃。

14 加入预先置于室温下软化的奶油，搅拌均匀。

15 依序加入橙膏、橙皮丝、君度橙酒，并混合均匀。

如果甘纳许太稀的话，可隔冰水使其稍微凝结。

组合马卡龙

16 将两片马卡龙分成一组。

17 内馅填入圆形花嘴挤花袋中，将内馅挤在圆饼上。

18 盖上另一个圆饼，稍微压一下即完成，放入冰箱冷冻保存。要品尝时，再取出于室温下约10分钟解冻。

Conclusion

写在最后……

香气能引发好心情，

当家中充满了面包的香气时，

似乎也拉近了一家大小的距离……

在我过去的烘焙教学经验中，

总是希望能将实用、健康、自然的饮食观念传达给大家。

没有机会与我面对面分享烘焙乐趣的读者们，

希望能通过这本书，

让你们愿意尝试动手做，

从而逐渐改变对食材的认识、对烘焙的刻板印象。

在等待面包发酵、期待面包出炉，

以及看到家人吃得津津有味时，

成就感就会油然而生，

心情似乎也在无形中变得愉悦了。

现代社会中，

外食固然是很方便的饮食方式，

但却使得人与人之间越来越陌生。

通过亲手做烘焙，

让家里的烤箱不再只是装饰品，

回归家的基本面，

给予家人间正面的情感价值。

图书在版编目（CIP）数据

家 手感 小麦香 / 曾美子著. -- 北京：北京联合出版公司, 2015.9

ISBN 978-7-5502-3609-7

Ⅰ.①家… Ⅱ.①曾… Ⅲ.①面包—烘焙 Ⅳ.①TS213.2

中国版本图书馆CIP数据核字(2014)第210141号

中文简体版通过成都天鸢文化传播有限公司代理，经精诚资讯股份有限公司悦知文化授予北京精典博维文化传媒有限公司独家发行，非经书面同意，不得以任何形式，任意重制转载。本著作限于中国大陆地区发行。

著作权合同登记号：图字01-2014-5588

家 手感 小麦香

著　　者：曾美子
出版统筹：精典博维
责任编辑：管　文
策划编辑：陈　娟
特约编辑：王　文
装帧设计：博雅工坊·肖杰

北京联合出版公司出版
（北京市西城区德外大街83号楼9层　100088）
杭州日报报业集团盛元印务有限公司　印刷·新华书店经销
字数80千字　　880毫米×1230毫米　　1/16　　7.5印张
2015年9月第1版　　2015年9月第1次印刷
ISBN 978-7-5502-3609-7
定价：38.00元